春夏秋冬
いつでも楽しめる
昆虫探し

著：昆虫ハンター 牧田 習

PARCO出版

はじめに

　はじめまして、昆虫ハンターの牧田習です。皆さん、昆虫を探しに行くのはお好きですか？

　昆虫はあたたかい時期にしかいない、自然が豊かな場所でしか見られない、と思っている方もいるかもしれませんが、そんなことはありません。春夏秋冬いつでも楽しむことができますし、身近な場所にも多くの昆虫たちが生息しています。

　それぞれの種類に個性豊かなキャラクターがあり、その小さな体の中に無限の世界が広がっています。また、昆虫たちをよく知ると、彼らは私たち人間に地球の環境のことを気付かせてくれることがあります。そのため、僕はこれからの将来を担う皆さんにはぜひ昆虫たちからいろいろなことを学ぶ楽しさに気づいて欲しいなと思っています。

　そこで、皆さんと昆虫たちの架け橋となればいいなと思い、この本を書かせていただきました。この本では日本に生息する昆虫たちの中から代表的な30種類を選ばせていただき、それぞれの基本的な情報や豆知識はもちろん、成虫が見つかる時期（地域や個体によって変化するため大まかな目安です）、つかまえ方、飼育の仕方などをまとめさせていただきました。
　ぜひこの本を片手にお出かけしていただき、自然の中で昆虫を見つけて楽しんでいただけたら嬉しいです。
　昆虫を意識することで、新たな世界が見えてくるはずですし、世界中であなただけしか知らない発見があるかもしれません♪

昆虫ハンター　牧田 習

もくじ

はじめに …2
もくじ …4
服装（ふくそう） …6
道具（どうぐ） …8

春（はる）に探したい！

おすすめの昆虫（こんちゅう）

〈春に見つかる昆虫〉…11

 ギフチョウ …12

 ナミアゲハ …14

 キチョウ …16

 モンシロチョウ …18

 ナナホシテントウ …20

 スギカミキリ …22

 ゲンゴロウ …24

夏（なつ）に探したい！

おすすめの昆虫（こんちゅう）

〈夏に見つかる昆虫〉…27

オオムラサキ …28

ミドリシジミ …30

カブトムシ …32

オオクワガタ …34

ゲンジボタル …36

ヤマトタマムシ …38

オニヤンマ …40

キリギリス …42

アブラゼミ …44

クロヤマアリ …46

冬に探したい！

おすすめの昆虫

〈冬に見つかる昆虫〉… 65

 ウラギンシジミ… 66

 コクワガタ… 68

 チビクワガタ… 70

 マイマイカブリ… 72

 アオオサムシ… 74

 エサキモンキツノカメムシ… 76

秋に探したい！

おすすめの昆虫

〈秋に見つかる昆虫〉… 49

 アサギマダラ… 50

 ウスガビガ… 52

 シオカラトンボ… 54

 アキアカネ… 56

 オオカマキリ… 58

 ショウリョウバッタ… 60

 エンマコオロギ… 62

虫とりの記録 … 78

服装 (ふくそう)

安心・安全に虫探しを楽しもう！

昆虫たちが暮らしている自然の中には危険なこともあるため、よく注意する必要があります。虫に刺されないようにするための長そでの服や長ズボンはもちろん、長ぐつや軍手など、状況によって上手く使うようにしましょう。

01 日差しから頭を守ろう！

直射日光をさえぎるために帽子をかぶるようにしましょう。バケットハットなどつばがあるタイプが◎。夏以外の季節でも強い日差しに当たり続けないよう注意してください。

帽子

02 必ず長そでを着よう！

危険な虫に刺されたり、枝などが腕に引っかかる可能性もあるため、必ず長そでを着るようにしましょう。山などでは急な雨に備えて防水性のあるアウトウェアもおすすめです。

長そで
アウトウェア

03 手を危険から守ろう！

土や朽ち木（腐った木）の中の昆虫を探すときは軍手をして手を守るようにしましょう。いきなり土や朽ち木の中から手に刺さると危ないものが飛び出してくるかもしれません。

軍手

04 足元を危険から守ろう！

虫刺されや地面の近くにある枝などから身を守るためにも、長ズボンをはきましょう。マダニ対策にはシャカシャカした素材がおすすめです。さらに足先を守ってくれる長ぐつをはくのもよいでしょう。

長ズボン

05 水場や足場が悪いときに役立つ！

長ぐつは水の中に生息している水生昆虫を探すときはもちろんのこと、地面がドロドロになっていて足場が悪い場所での虫探しでも使うことをおすすめします。泥などでの汚れ防止に加え、マムシなどの危険生物からも足を守ることができます。

長ぐつ

狙う昆虫に合った道具を使おう!

見つけたい昆虫の生態を知り、どの道具を使えば、上手くゲットできるかを考えてみましょう。虫刺されの薬なども忘れずに持参するようにしましょう。

01 虫かごは使い分けよう!

カブトムシやクワガタムシなどの昆虫をつかまえたら虫かごに入れましょう。チョウやトンボはネット製の昆虫ケージに入れると壁面に止まれて弱らず、外から観察することもできます。

虫かご　　昆虫ケージ

02 自分に合う網を選ぼう!

手にしたときに振りやすい長さ、重さの虫とり網を選んでください。長さを変えられる伸縮性のあるものが便利。網目が細かいネットは、虫に傷がつきにくくておすすめです。

虫とり網

03 掘り出すときは道具が便利!

土の中や朽ち木の中にいる昆虫を探すときに大活躍します。目的や自分の力にあったサイズのものを選ぶようにしましょう。また、人に当たると危険なため、周りの安全を確認してから使うようにしましょう。

スコップ　　手ぐわ

04 隠れた昆虫を照らそう！

木の穴の中などに隠れている昆虫を探すときは、小さな穴から大きな穴まで探せるようにいくつかのサイズのフラッシュライトを持っていると便利です。奥まで照らせるタイプが◎。

フラッシュライト

05 手でとれない昆虫に！

木の皮のすき間や穴の中などに入った昆虫を取り出すのに使います。曲がったものやまっすぐなもの、長いものなどいくつかの種類を持っておくと、形に合わせて使えるので便利です。

ピンセット

06 熱中症・日射病対策を！

外は直射日光が当たる場所も多いので、日焼け止めを塗るとよいでしょう。水分は持参したものをこまめに飲むこと。川の水はそのまま飲むと危険なことが多いので要注意です。

日焼け止め　水分

07 出現する虫に合わせて！

季節的に出現しやすい虫、行く予定の場所にいる危険生物をチェックし、それに合わせた虫よけスプレーを使いましょう。蚊だけではなく、マダニ、ヤマビルなどにも効果があるタイプもあります。

虫よけスプレー

08 いざというときの備えを！

予防していても虫に刺されることはあります。蚊に刺されたときの薬、毒虫の毒を吸い出すポイズンリムーバーなど、場所によって遭遇しやすい虫に合わせたアイテムを持参しておくとよいでしょう。

虫刺されの薬　ポイズンリムーバー

Equipment

春に探したい！
おすすめの昆虫

3月後半〜4月頃からあたたかくなり、春が始まります！日常の中でもチョウやテントウムシの仲間などは見かける機会が増えてきますし、さまざまな場所に探しに行くことでいろいろな種類に出会えるはずです。カミキリムシの仲間は生態を知っておくことで、意外と簡単に見つけることができます。また、水生昆虫も観察してみましょう。

春に見つかる昆虫

contents

P.12

成虫が見つかる時期

ギフチョウ
〈3～5月〉

P.14

ナミアゲハ
〈4～10月〉

P.16

キチョウ
〈3～11月〉

P.18

モンシロチョウ
〈3～11月〉

P.20

ナナホシテントウ
〈3～11月〉

P.22

スギカミキリ
〈3～5月〉

P.24

ゲンゴロウ
〈4～10月〉

11

春 夏 秋 冬

希少なアゲハチョウの一種

ギフチョウ

レア度 ★★

成虫が見つかる時期 3～5月

へぇ～！な豆知識

"ギフチョウ"という名前は岐阜県で採集された個体を元に新種とわかったことに由来するのですが、岐阜県以外の地域にも生息しています。また、地域によっても羽の模様にバリエーションがあります。

ギフチョウ

「春の女神」とも呼ばれる可愛らしいチョウ

どこにいる?
本州の自然豊かな落葉樹林に生息していて、低地から山地まで生息しています。幼虫の食草のカンアオイなどがあることも生息の条件です。地域によっては採集が禁止されている場所もあります。探しに行く際は事前にルールを確認してから行くようにしましょう。

どうやってつかまえる?
ギフチョウが生息している可能性のある森に入ったら、日当たりのいい場所にギフチョウがいないかよく見てみましょう。地面に止まっているところを覆いかぶせるようにつかまえるのがおすすめです。また、ギフチョウは青色を好むとも言われていて、青色の虫とり網などにはよってくることがあります。また、小型～中型のチョウの仲間は、ネット製の昆虫ケージに入れて観察するのがおすすめです。

オスとメスのちがい
オスはメスに比べて、体に毛が少ないのが特徴です。また、オスよりもメスの方が大きい傾向にあります。

昆虫ケージ

昆虫メモ
春にあらわれるアゲハチョウの一種で、羽を開くと5～6cmほどの大きさです。羽は黒と黄色を基調とし、よく見ると赤や青、オレンジ色などの模様が並んでいます。個体によって模様や色が少しずつ異なっているのも特徴です。地域によってあらわれる時期は少しずつ異なるのですが、春にあらわれ、日当たりのいい場所をよく飛び、カタクリ、スミレ、ツツジなどの花にやってきます。幼虫はカンアオイなどの植物を食べて成長します。ギフチョウは全国的に数の減少が心配されており、希少なため各地で絶滅危惧種などに指定されています。

こうやって飼おう!
成虫を一般的な家の中で飼育するのは難しいですが、幼虫はカンアオイの仲間を与えることで飼育することができます。春に生まれた幼虫は6月頃にはサナギになり、次の年の春に羽化します。

春 夏秋冬

花の蜜を吸うのが大好き！

ナミアゲハ

春型オス

春から秋のサイクル

サナギの状態で冬を越し、春に成虫になった個体は卵を産み、その個体がまた成虫まで育ちます。春から秋までの間にそのサイクルを4〜5回ほど繰り返します。

レア度 ★☆☆

成虫が見つかる時期 4〜10月

ナミアゲハ

春と夏であらわれる個体に差がある！

どこにいる？
全国的に分布しており、日当たりのよい草むら、畑などで飛ぶ様子を見ることができます。ミカンやレモン、カラタチの木の周りではメスを観察しやすいです。

どうやってつかまえる？
ナミアゲハが花の蜜を吸いにきて止まっているところを、網ですくってつかまえましょう。

オスとメスのちがい
オスはおしりの先に深い切れ目がありますが、メスにはありません。春型はオス、メスともに羽の色や形がよく似ていますが、夏型はオスはメスに比べて羽が全体的に暗くなり、メスの後ろ羽には水色やオレンジ色の模様がよりはっきりとあらわれます。

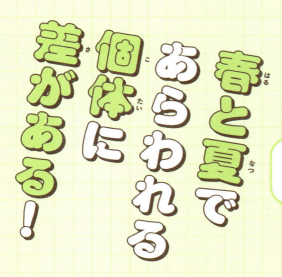

夏型オス

昆虫メモ
黄色と黒の模様がトレードマークのチョウで、春先にあらわれる個体は夏以降にあらわれる個体に比べて小型ですが、羽の黒い部分が少なく、より明るい印象です。羽を開いたときの大きさは7〜9cmほど。幼虫はミカン科の植物の葉っぱを食べて育つため、メスはミカンやレモンなどの木に産卵しにやってきます。卵から産まれてからしばらくは鳥の糞のような見た目ですが、成長すると綺麗な緑色になります。成虫は赤やオレンジ系の花が好きで蜜を吸いにきます。また、幼虫は刺激を受けると黄色い臭い角を出し、敵から身を守っています。成長した幼虫はヘビの目のような模様を持っていますが、これも敵から身を守るためです。

こうやって飼おう！
幼虫から育てて成虫まで飼育するのがおすすめです。ミカンの仲間の植物の葉を与えましょう。幼虫の期間は3〜4週間ほど、サナギの期間は1〜2週間ほどです（冬はサナギで越冬します）。成虫になると、2〜3週間ほどしか生きることができません。

春

夏 秋 冬

春のおとずれとともに舞い始める

キチョウ

レア度 ★☆☆

成虫が見つかる時期 3〜11月

〜え〜！な豆知識

日本でキチョウと呼ばれているチョウには実は2種類いて、鹿児島県の奄美地方より南の地域に生息する「ミナミキチョウ」と本州から沖縄にかけて分布する「キタキチョウ」がいます。

僕は毎年春、最初に見かけているチョウでもあるため、3月頃にキチョウが飛んでいる姿を見ると、「春が来たな♪」と感じています。

16

キチョウ

あたたかい所で一年中飛ぶ姿が見られることも！

どこにいる？

本州から沖縄まで幅広く分布しています。日当たりのよい草むらなどではたくさん飛んでいて、都会でもよく見かけることができます。

どうやってつかまえる？

キチョウを見かけたら、お花などに止まるのを待って、虫とり網をそっとかぶせるようにしてつかまえましょう。慣れてきたら、飛んでいるところを網ですくってみても。チョウを持つときは、羽を閉じた状態で胸の部分を外側からはさんで持ちます。つかまえたあとは、ネット製の昆虫ケージに入れて観察するのがおすすめです。

虫とり網

昆虫メモ

草むらや畑、街中に生息する黄色いチョウで、羽を開いた時の大きさは3.5〜4.5cmほどです。成虫の状態で越冬し、あたたかい日がやってくると目覚めて飛び始めます。幼虫はマメ科の植物を食べて成長し、成虫はさまざまな種類の花にやってきます。羽の黒い部分の模様は季節や個体によって若干異なります。春の早い時期から秋遅くまで見ることができますが、真冬でもあたたかい日に舞い、花に蜜を吸いにやってくることもあります。沖縄などのあたたかい地域では季節を問わず、一年中飛んでいる姿を見ることができます。

オスとメスのちがい

オスは黄色が濃くて、メスは黄色が比較的薄いのが特徴です。また、羽の模様は季節によってあらわれる個体に違いもあります。

こうやって飼おう！

マメ科の植物を与えることで幼虫を成虫まで育てることができます。サナギになる時は茎でサナギになります。成虫を見たことがあっても、サナギを見たことがある人はあまり多くないと思いますので、飼育した際にはよく観察してみましょう。

春 夏 秋 冬

日当たりのいい公園や畑の近くを舞う
モンシロチョウ

レア度 ★☆☆

成虫が見つかる時期 3〜11月

ますます分布拡大！

モンシロチョウは世界の温帯から亜寒帯各地に分布していますが、食草に幼虫が付着することで、今もなお分布を拡大し続けています。

モンシロチョウ

簡単につかまえて観察できる身近なチョウ！

どこにいる？

北海道から沖縄まで分布しており、平地から山地まであらゆる場所で見ることができます。日当たりのいい場所をよく飛んでいて、身近な公園などにも数多く生息しています。特に、キャベツやダイコンなどのアブラナ科の植物が植えてある場所の近くでは見かけることが多いです。

どうやってつかまえる？

飛んでいるところを見つけたら、網ですくってみましょう。振り逃したとしてもアゲハチョウの仲間のようにいきなり遠くに逃げることは少ないので、何度もトライしてみましょう。

オスとメスのちがい

メスはオスに比べて羽のつけ根近くの黒い部分が広いです。また、春にあらわれる個体は「春型」と呼ばれていて、夏以降にあらわれる個体に比べて白っぽくなる傾向があります。

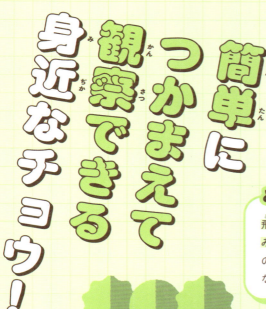

昆虫メモ

羽を開くと5～6cmのチョウで、白に黒い模様の羽を持っています。春にはタンポポや菜の花をはじめ、さまざまな種類のお花に集まります。日本で最も身近なチョウの一種で、多くの方が一度は飛んでいる姿を見かけたことがあると思います。とくに、幼虫はアブラナ科の植物の葉を食べて成長するため、ダイコンやキャベツなどの畑の周りなどには多く生息しており、幼虫はこれらの野菜の害虫として知られています。今では世界各地にいるモンシロチョウですが、日本にいるモンシロチョウも大昔（奈良時代）に持ち込まれたものだと考えられています。

こうやって飼おう！

幼虫から飼育して成虫まで育てるのがおすすめです。基本的にはキャベツ、ダイコン、ハクサイの葉をあげるとよいのですが、無農薬で柔らかい葉をあげるようにしましょう。自然でつかまえてきた幼虫は寄生蜂に寄生されていることがあります。ある日、突然、モンシロチョウの幼虫からハチの幼虫が出てくることがありますが、これは諦めるしかありません。

春 夏 秋 冬

赤いボディで天敵に警告！
ナナホシテントウ

レア度 ★☆☆

成虫が見つかる時期 **3〜11月**

胸の模様
上から見て白い部分は目のようにも見えるけど、胸の模様だよ！

〜え〜！な豆知識

日本に180種以上のテントウムシがいて、大きさは数ミリと小さいものから1cmを超える種類もいます。また、点の数がまったくなかったり、点が13個、28個あったりと、いろいろな種類がいます。

ナナホシテントウ

見つけるとラッキーなことがあるかも！

どこにいる？
全国的に生息していて、日当たりのよい草むらや畑など、とくにエサのアブラムシが多くいる場所で比較的簡単に見つけることができます。

どうやってつかまえる？
ナナホシテントウらしき赤くて小さな虫が飛んでいたら、まずは網でキャッチしてみましょう。茎や葉にいる個体を見つけたら、つぶさないように手の上にゆっくり乗せ、虫かごの中などに誘導しましょう。指で刺激を与えてしまうと、死んだフリをしたり、黄色い汁を出して毒があることをアピールしてくることもあります。

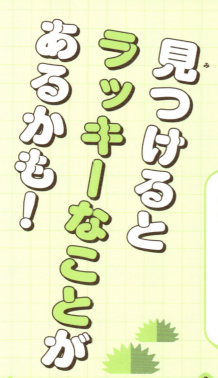
虫かご

昆虫メモ
その名の通り、7つの黒い点を持つテントウムシで、体長は5〜8mmほどです。体が赤いのは「警告色」といって、天敵に「食べたらマズいよ！」とアピールするため。日当たりのよい草むらで見ることができ、とくにエサであるアブラムシが多い場所ではよく見かけます。また、アブラムシを食べるため、農家の方からは益虫（役に立つ虫）として重宝されています。春から秋まで活動していますが、夏の間は冬の冬眠のように「夏眠」をする習性があり、見かける機会が少なくなります。スピリチュアル的には見るとラッキーなことがあるとも言われています。

オスとメスのちがい
見分けるのはなかなか難しいですが、分かりやすいのはお腹側のおしりの部分。オスには少しくぼみがありますが、メスにはくぼみがありません。

こうやって飼おう！
ナナホシテントウはアブラムシを食べる習性があるため、飼育する際にもアブラムシを与えましょう。アブラムシはヨモギやカラスノエンドウなど身近な草むらで簡単に見つけることができます。1日100匹以上のアブラムシを食べるため、十分な量のアブラムシを調達できるようにしておきましょう。

春 夏 秋 冬

その名の通りスギやヒノキを食べる！

スギカミキリ

木の被害
スギカミキリの幼虫が食べて木に被害が出ることを「はちかみ」と言います。

幼虫はヤニが苦手！
スギカミキリに卵を産み付けられ、幼虫に食べられてしまうスギの木も負けていません。スギはヤニを出して、スギカミキリを撃退しようとします。幼虫はヤニに巻かれてしまうと、死んでしまうのです。

レア度
★ ☆

成虫が見つかる時期
3〜5月

早春に登場！カミキリムシ界のトップバッター

 スギカミキリ

どこにいる？
本州から九州まで生息していて、平地から山地まで見ることができます。スギやヒノキが多くある場所に生息しており、神社の境内の中などにある弱った木ではよく見ることができます。

どうやってつかまえる？
昼間は木の皮の下などに隠れていますが、夜行性で、夜暗くなると幹の周りなどをウロウロします。おすすめは夜にウロウロしている状態をゲットすることですが、昼間に木の皮の下などをチェックしてみるのもいいでしょう。綺麗な状態の元気そうな木よりも、弱ってボロボロになってきている朽ち木を探すのがよいです。スギカミキリが木の中で成虫になり、出てきたような穴がある木などはいる可能性がかなり高いです。また木の割れ目を触るときは、軍手をして手を守るようにしましょう。

 軍手

昆虫メモ
1〜2.5cmほどのカミキリムシで、黒に黄色い模様があり、足は赤茶色をしています。黄色い模様の大きさや形は個体によって、少しずつ異なります。その名の通り、幼虫がスギやヒノキを食べる習性があり、成虫もスギやヒノキの木の周りで見つかることが多いです。弱った木にいることが多く、スギカミキリのせいで木が枯れてしまうこともあるほどです。日本に800種類以上いるカミキリムシの中でも春先からあらわれるトップバッター的な存在です（日本本土で3月から見られるカミキリムシは実は少ないです）。成虫の寿命は1ヶ月ほどです。

オスとメスのちがい
オスはメスよりも体の大きさに対して、触角が長い傾向にあります。体の大きさは、オスよりもメスの方が大きい傾向にあります。

こうやって飼おう！
スギカミキリの飼育は、成虫、幼虫ともに難しいため、つかまえたら観察して楽しむようにしましょう。

お目々がくりくりで愛らしい！
ゲンゴロウ

レア度 ★★

成虫が見つかる時期 4〜10月

オスの前足
オスは前足がぷっくりふくらんでいて、吸盤になっています。

オス

へぇ〜！な豆知識

「ゲンゴロウ」はゲンゴロウ類のグループの名前であり、1つの種類の名前でもあるため、種類としてのゲンゴロウのことを区別できるよう「ナミゲンゴロウ」「ホンゲンゴロウ」「オオゲンゴロウ」「タダゲンゴロウ」など、いろいろな呼び名で呼ぶことがあります。

僕が最も好きな昆虫です。初めて存在を知ってから野生で見つけるまで10年以上かかりましたが、出会えた時には体が震えるほど嬉しかったです。

ゲンゴロウ

黄色いラインがカッコいい！大型水生昆虫！

どこにいる？
北海道から九州までの池や沼などの湿地に生息しています。しかし、場所はとても限られていて、コンクリートで周りを固めているような場所にはまずいません。水生植物が生い茂っていて、アメリカザリガニなどの外来種も少なく、周りの自然環境も豊かな場所に生息しています。

どうやってつかまえる？
タモ網を持ち、長ぐつや胴長をはいて水辺に行きましょう。水生植物がたくさん生えている場所を長ぐつなどで踏み、その踏んだところをタモ網ですくいます。基本的にはこの方法でつかまえますが、トラップを使った方法もあり、ペットボトルに穴をあけて中に鶏肉などを入れて、水に沈めておくことで、ゲンゴロウがやってくるというトラップもあったりします。

昆虫メモ
水辺に生息する体長3.4～4.2cmほどの大型の水生昆虫で、楕円形の体をしています。色は背側から見ると、黄色いラインがある暗い緑色ですが、腹側は全体的に明るい黄色をしています。後ろ足は水をかくのに特化していて、オールのようになっています。肉食で、弱った魚や昆虫などをつかまえて食べます。以前は各地に生息していたようですが、今では全国的に非常に珍しい種類で、各地で絶滅危惧種などに指定されています。2023年からは売買目的の捕獲や販売が法律により禁止されました（趣味や研究目的につかまえるのは大丈夫です）。

オスとメスのちがい
オスは前足がふくらんでいて、吸盤になっています。交尾する時にオスはこの吸盤でメスにくっつくことで、交尾を成功させようとします。

タモ網

こうやって飼おう！
エサには弱った魚などを与えるのが理想ですが、身近にいる小さな昆虫やミルワームなどを与えることでも簡単に飼育可能です。上手に飼育すれば、2～3年は飼うことができます。

夏に探したい！
おすすめの昆虫

6〜7月は一年の中で最も昆虫の出現が盛んで楽しめる季節です。クワガタムシやカブトムシといった人気者はもちろん、チョウ、トンボ、キリギリスの美しい種類も多くあらわれます。憧れの種類も正しい知識を身につけておくことで、ゲットすることができるはず。8月後半になると、昆虫たちのシーズンは夏から秋へと移り変わってゆきます。

夏に見つかる昆虫

P.28

成虫が見つかる時期
オオムラサキ
〈6〜8月〉

P.30

ミドリシジミ
〈6〜8月〉

P.32

カブトムシ
〈6〜8月〉

P.34

オオクワガタ
〈6〜8月〉

P.36

ゲンジボタル
〈5〜7月〉

P.38

ヤマトタマムシ
〈6〜8月〉

P.40

オニヤンマ
〈6〜9月〉

P.42

キリギリス
〈6〜9月〉

P.44

アブラゼミ
〈6〜10月〉

P.46

クロヤマアリ
〈3〜11月〉

日本を象徴する国チョウ
オオムラサキ

レア度	成虫が見つかる時期
★★☆	6〜8月

オス

僕が以前住んでいた北海道では8月まで見ることができました。

見られる時期が違う！

オオムラサキは地域によって見られる時期が少しずつ異なり、涼しい地域の方が遅い季節に見ることができます。

オオムラサキ

青紫色の羽が大きくて目をひく！

どこにいる？
北海道から九州まで分布しており、成虫が樹液を吸うクヌギやコナラ、そして幼虫が食べるエノキなどが生えている森に生息しており、低地から山地まで見ることができます。

どうやってつかまえる？
最も簡単な方法はクヌギやコナラの樹液にやってきているところを網で採集する方法です。一度、取り逃がしてしまうと、警戒してしまうため、一度でつかまえるようにしましょう。この他にも果物と焼酎などのお酒を混ぜて置いておくことで、おびき寄せることもできます。

オスとメスのちがい
オスは美しい青紫色をしているのに対して、メスは暗めの茶色っぽい紫色をしています。

メス

昆虫メモ
羽を開くと8〜11cmほどにもなる大型のタテハチョウの一種。オスは美しい青紫色をしているのに対して、メスは暗い茶色っぽい紫色をしています。また、羽の裏側は薄い黄色をしていて、表裏の印象がまったく異なります。夏にクヌギやコナラなどの樹液によく集まり、カナブンやスズメバチなどと並んでいる姿を目にすることもあります。時には樹液を巡って争うこともあります。幼虫はエノキの葉などを食べて成長します。冬にエノキの落ち葉の裏を見てみると、幼虫と出会えることもあります。

こうやって飼おう！
成虫を家で飼育するのは難しいですが、幼虫はエノキの葉を与えることで、飼育することができます。横長の虫かごを縦にして、中に葉がついたエノキの枝を立てて幼虫を入れてあげましょう。

29

これぞまさしく森の宝石
ミドリシジミ

朝の日光浴
朝方に葉っぱの上で羽を広げて日光浴のようなことをしていることもあります。

オス

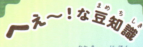

へぇ～！な豆知識
ミドリシジミの仲間は日本に25種類ほどいて、この仲間は「ゼフィルス（語源はギリシャ神話の「西風の神」）」と呼ばれ、チョウ好きから愛されています。

レア度 ★★☆

成虫が見つかる時期 6～8月

ミドリシジミ

池や沼の周りのハンノキを探してみよう！

どこにいる？

北海道から九州まで分布しており、平地から山地まで見ることができます。幼虫の食草であるハンノキが多く生えている森に生息しています。池や沼などの周りでハンノキを探してみましょう。また、クリなどの花にやってくることもあるのでチェックしてみましょう。

どうやってつかまえる？
美しいオスは夕方に飛び回る習性があります。長く伸びる網を持ってハンノキ林に行き、よく目を凝らして探してみましょう。飛んでいるのを見つけたら、葉っぱの上などに止まるのを待って網に入れるようにしましょう。

オスとメスのちがい

オスは羽の内側が宝石のように緑色に輝いていますが、メスは暗い茶色で地味めな色をしているため、一目で見分けることができます。

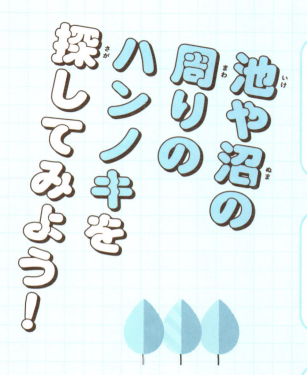

昆虫メモ

羽を開くと3〜4cmほどの小型のチョウで、オスは美しい緑色の羽を持っており、虫好きからは「森の宝石」とも呼ばれています。しかし、メスは暗い茶色の地味な羽を持っていて、別の種類のチョウのようです。オスは日当たりのいい場所などになわばりを持つ習性があり、他のオスがやってくると追い払う習性があります。冬の間は卵の状態で過ごし、幼虫はハンノキという湿地に多く生えている植物を食べて成長しますが、最近は湿地が減ってきていることもあり、絶滅危惧種に指定されている地域もあります。

 メス

こうやって飼おう！
成虫の飼育は家では難しいですが、卵から育てて成虫にすることはできます。冬にハンノキについている卵を取ってきて、ハンノキの葉をあげましょう。小さな鉢で飼育するのもおすすめです。

31

長い角や頭をぶつけて戦う
カブトムシ

レア度	成虫が見つかる時期
★★☆	6〜8月

オス

トラップの仕掛け方

トラップを仕掛けるときはストッキングを伸ばして、木の枝に巻き付けて、幹に固定するように仕掛けるのがおすすめです。枝がちょうどいい所になかったり、幹が大きすぎたりした場合はヒモで幹にくくりつけましょう。

暑くても早めに虫探しを！

暑いうちは夏の昆虫に出会えると思いがちですが、8月中旬をすぎると数がガクッと減り、気温も徐々に下がってきます。カブトムシやクワガタムシ探しは、8月前半までがおすすめです。

カブトムシ

人間が生活している近くの雑木林に潜んでいる!

どこにいる?
人間が生活している場所に近い雑木林に生息しています。どんぐりの木がたくさん生えている森が狙い目。夜、雑木林近くの街灯に飛んでくることもあります。

どうやってつかまえる?
夕方から夜にかけて、クヌギやコナラなどの木から樹液が出ている場所を探してみましょう。バナナと黒糖などを混ぜてストッキングに入れ、木に吊るしておびき寄せるという作戦もあります。朝に探しに行くときは、事前に樹液が出ている木を見つけておき、その木をチェックしてみましょう。

昆虫メモ
カブトムシの大きさはまちまちで、同じオスでも大きい個体は全長8cm以上になりますが、小さい個体は3cmほどです。また、色も個体によってバリエーション豊かで、真っ黒な個体から赤みが強い個体までさまざまです。オスは長い角を使い、メスは頭をぶつけて、カブトムシ同士、クワガタムシの仲間やオオスズメバチと戦うことも。幼虫は人間が落ち葉と肥料を混ぜてできた土でよく育ち、成虫が大好きな木も人間が薪として利用するため、人間と関係の深い昆虫です。どんぐりの木であるクヌギやコナラなどがある雑木林に生息していることが多く、明るい時間は落ち葉の下などに隠れていて、暗くなると樹液にやってきます。

オスとメスのちがい
オスは長い角が頭から1本、短い角が胸から1本生えていますが、メスには角がありません。

メス

こうやって飼おう!
成虫は寒くなると死んでしまいますが、交尾して卵を産ませるのは市販の昆虫マットがあれば簡単で、代々飼育も楽しめます。乾燥すると弱ってしまうので、適度に湿ったマットを与え、様子を見て、霧吹きで土を湿らせましょう。マットに糞が目立ってきたら、交換してください。

春 **夏** 秋 冬

黒いダイヤの異名を持つ

オオクワガタ

レア度 ★★

成虫が見つかる時期 **6〜8月**

オス

灯り作戦

夜の灯りに飛んでくる個体もいるため、オオクワガタが生息していそうな森の近くで、灯りをともす作戦もアリです。灯りに飛んでくる個体は日没から22時くらいに見つかることが多いです。

大きい個体は珍しい！

人間が幼虫から育てたオオクワガタは7〜9cmほどの個体もいますが、自然の中でそこまで大きな個体を見つけるのは至難の業です。

オオクワガタ

あまり戦わず温厚な性格だが挟む力は強い！

どこにいる？

自然度の高い里山にあるクヌギ林や涼しいブナの森に生息しています。中でも、太くて背が低い「台場クヌギ」を見つけたらチャンスです！

どうやってつかまえる？
昼間は木の穴の中に隠れていないかフラッシュライトなどで照らしながら、よく見てみましょう。黒く輝くクワガタムシを見つけたら、ピンセットで取り出してみましょう。日が暮れたら、樹液を求めて出てくることがあるので、探し始めましょう。日没すぐにいることもあれば、深夜や朝方にいることも。手で届くところにいれば手で、木の高い場所など手が届かない場所にいれば、網を伸ばしてゲットしましょう。

フラッシュライト

昆虫メモ
黒く輝く立派なボディを持つことから、「黒いダイヤ」とも呼ばれる大人気のクワガタムシ。体長はオスで3〜9cmほど、メスで3〜5cmほどで、個体によってかなり異なります。大あごの形もさまざまで、内側の歯が真横に向いている個体や前方向に向いている個体などがいます。自然度の高い里山のクヌギ林やブナの森などに生息しています。とくに太い木にいることが多く、昼間は木の穴に隠れていて、夜になると樹液にやってきます。温厚な性格で積極的に戦うことはほとんどありませんが、力は強くはさまれるととても痛いです。成虫の寿命は2〜3年ほど、長いと4〜5年生きます。寒さにもわりと強く飼育しやすいです。

オスとメスのちがい

オスは大あごが発達していて、グイっと曲がるカッコいいハサミを持っています。それに比べて、メスの大あごは小さいです。

メス

こうやって飼おう！
昆虫ゼリーとマットで簡単に飼育することができます。寒さに強く、暑さと乾燥に弱いため、直射日光は避け、霧吹きなどで湿度を保ちましょう。

35

春 **夏** 秋 冬

夜に幻想的な光を放つ

ゲンジボタル

レア度
★
★ ☆

成虫が
見つかる時期
5～7月

光る理由

ゲンジボタルが光る理由は、オスとメスが出会って交尾するためのアピールです。

一え～！な豆知識

日本には約50種類のホタルがいますが、すべてのホタルが初夏の夜にあらわれて光るわけではありません。光らない種類、昼に活動する種類、春や秋に活動する種類など、さまざまなホタルが存在しています。

ゲンジボタル

ホタルの中でもめずらしい大きめボディ！

どこにいる？
日本固有の種類で、本州、四国、九州に分布。水がきれいな水辺に生息し、オスはよく光りながら飛び回り、メスは草むらで光っています。

どうやってつかまえる？
夜に光るホタルを見つけたら、網ですくってみましょう。おすすめの時間は20〜21時過ぎ頃で、その次は23時頃、さらにその次は2時頃です。トンボやチョウに比べると、ゆっくり飛びますが、岸から届きにくい場所にいたり、高い場所を飛んだりすることもあるため、柄が長い虫とり網を持参しましょう。夜のため、最低限の灯りは必要ですが、なるべく灯りを消したり、暗くするようにしましょう。ただし、採集が禁止されていたり、数の減少が心配されている地域もあるので事前に下調べを。

オスとメスのちがい
腹側のおしり近くの光る部分を見ると、オスはメスに比べて、光る部分が広くなっています。

昆虫メモ
黒い体にピンク色の胸を持ち、さらにそのピンク色の中に十字の模様があるのが特徴的なホタルです。腹側のおしりの近くに光る部分があり、成虫の大きさは1.5〜2cmほどです。幼虫はカワニナという貝を食べる肉食ですが、成虫は水しか飲まず、成虫の寿命は2〜3週間ほどで、夜に水辺を光りながら飛んでいる姿を観察することができます。発光する間隔は地域や個体ごとに異なります。東日本より西日本の個体の方が光る間隔が短く、せかせか光っているように見えます。さらに、ゲンジボタルは卵、幼虫、サナギの時期も光りますが、天敵に食べられないようにアピールするためと言われています。

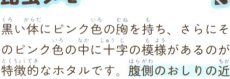

こうやって飼おう！
幼虫から飼育するのがおすすめです。主にカワニナという貝を食べるため、幼虫と一緒に採集してくることをおすすめします。ホタルの幼虫は暑さに弱いため、水温が上がりすぎないようにしましょう。また、サナギになる際は土の中に潜るため、サナギになる時期が近づいてきたら、上陸用の土を用意してあげましょう。

春 **夏** 秋 冬

宝石のようなきらめきを放つ
ヤマトタマムシ

へぇ〜！な豆知識

ヤマトタマムシの見る角度や光の当たり方によって、さまざまな色に変わる色は「構造色」と呼ばれています。昆虫以外にもクジャクやネオンテトラなど、構造色を持っている生き物は多くいます。

レア度
★☆☆

成虫が見つかる時期
6〜8月

ヤマトタマムシ

背も腹も緑や赤色に輝く美しい昆虫！

どこにいる？
本州から九州まで分布しており、エノキ、ケヤキ、サクラなどが生えている森に生息しています。意外と東京や大阪など人口の多い都会でも簡単に見つけることができます。

どうやってつかまえる？
森の近くを歩いていると、木を丸太にして積んでいる土場を見かけることがあります。その土場の中にエノキやケヤキがあれば、ヤマトタマムシがやってくることがよくあります。その他にも天気の良い日に木の高い所を飛んでいることがあるため、見かけたら網を伸ばしてゲットしてみましょう。

昆虫メモ
タマムシの名前の由来は宝石を意味する「玉」に由来しており、昔から美しい虫として扱われてきました。体長3〜4cmほどの甲虫の一種で、緑と赤色に輝くとても美しい体を持っています。背側からだけではなく、腹側も緑〜赤色に輝いています。夏のお天気の良い日に日当たりのいい場所をよく飛ぶため、太陽光が体に当たると非常に美しく、見る角度によっても色が違って見えます。幼虫はエノキ、ケヤキ、サクラなどの木を食べて成長し、成虫はそれらの木の葉を食べます。幼虫の期間は2〜3年と長めですが、成虫になってからは1〜2ヶ月ほどしか生きることができません。

オスとメスのちがい
腹側のおしりの近くを見ると区別することができます。オスは先端が内側に凹んでいるのに対して、メスはその凹みがありません。

こうやって飼おう！
成虫のヤマトタマムシにエノキやケヤキの葉を与えることで飼育することができます。しかしながら、そもそもの寿命が長くないこともあるため、飼育を楽しめる期間はあまり長くありません。

オニヤンマ

時速70kmのスピードで飛ぶ日本最大のトンボ

どこにいる？

北海道から沖縄まで全国的に分布しており、主に河川の上流〜中流域でよく見ることができます。街中の近くの川にも生息していて、街中で飛んでいる姿を見かけることもあります。

どうやってつかまえる？

なわばりをパトロールしているオスは警戒心が強いため、いきなり網を振らず、よく観察してみましょう。きっと通り道が分かるはずです。通り道が分かれば網を構えて飛んでくるのを待ち、つかまえましょう。森の中などでいきなり出会ったときはゆっくり飛んでいることもあるので、サッとつかまえましょう。

ちなみに、オニヤンマは漢字で書くと「馬大頭」と書きます。

昆虫メモ

体長は9〜11cmにもなる日本最大のトンボで、時速70kmで飛ぶことができます。黒に黄色い模様の体を持ち、目が非常に美しく、エメラルドグリーン色をしています。肉食でアブやガなどの小さな昆虫などを食べ、時にはスズメバチの仲間をつかまえて食べることもあります。オスはなわばりを作り、その中をいったりきたりとパトロールします。もし、他のオスが入ってきたら追い払います。そして、メスが入ってくると交尾を試みます。成虫の寿命は1〜2ヶ月ほどと短いですが、幼虫の期間は3〜5年と長めです。

オスとメスのちがい

メスはおしりから「産卵弁」という細長い突起が出ているため、オスと見分けることができます。また、オスよりもメスの方が体が大きい傾向にあります。

こうやって飼おう！

成虫を飼育するのは難しいですが、幼虫のヤゴであれば、飼育可能です。幼虫も肉食なので、成長段階に合わせてミジンコや小魚などをあげましょう。

春 **夏** 秋 冬

実は秋じゃなくて夏の虫!
キリギリス

チョンギース

オス

え〜!な豆知識

実は「キリギリス」といっても、2種類存在しています。主に東日本にいる「ヒガシキリギリス」と西日本にいる「ニシキリギリス」です。この2種類を合わせて、キリギリスと呼んでいます。

レア度
★★☆

成虫が見つかる時期
6〜9月

42

キリギリス

肉食性が強く他の昆虫を食べることも！

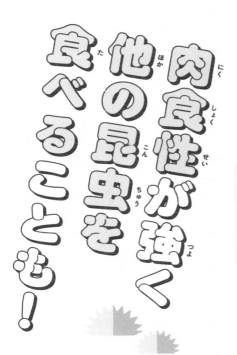

どこにいる？
東北地方から九州まで分布しています。平地から山地まで生息していて、日当たりのよい丈の高い草むらなどで見かけることがよくあります。

どうやってつかまえる？
キリギリスを見つけたら、虫とり網を近づけ、網の中に上手く入るように誘導していくことをおすすめします。いきなり手でつかもうとすると、ジャンプして逃げられたり、足にトゲがあるため、手が傷ついてしまう可能性もあります。

オスとメスのちがい
メスはおしりから「産卵管」という細長い管が伸びているため、オスと見分けることができます。また、オスよりもメスの方が体が大きい傾向にあります。

昆虫メモ
体長は2.5〜4cmほどの昆虫で、緑色の部分が多い個体や茶色の部分が多い個体などがいます。オスは「チョンギース」と鳴き、メスに自分がいることをアピールしたり他のオスに自分のなわばりであることを伝えたりしますが、メスは鳴きません。また、秋の虫のイメージがあるかもしれませんが、秋おそくよりも夏の終わりの方が多く見つかります。雑食で、肉食性もかなり強く、自然界では時にカマキリなど、他の昆虫をつかまえて食べています。ちなみに、童話「アリとキリギリス」と現実は異なり、キリギリスは卵の状態で冬を越します。

キリギリスのエサ

こうやって飼おう！
小さな昆虫、キュウリやナスなどを与えることで、簡単に飼育することができます。1つのケースに何匹も入れておくと、共食いしてしまうことがあるので、注意しましょう。また、春に卵から生まれたばかりの赤ちゃんキリギリスを見つけてきて、成虫まで飼育するのもおすすめです。

春 **夏** 秋 冬

幻想的な羽化を経て飛び立つ

アブラゼミ

ジージージー

オス

名前の由来は？

アブラゼミの名前の由来は諸説ありますが、一説には鳴き声が、油が散る時の音に似ているからとも言われています。

レア度
★☆☆

成虫が見つかる時期
6～10月

44

アブラゼミ

世界的にはめずらしい！羽が茶色いセミ

どこにいる？
北海道から九州まで分布しており、平地から山地、身近な公園や街中でもたくさん生息しています。

どうやってつかまえる？
木に止まっているアブラゼミを見つけたら下からではなく、上から網をかぶせてみましょう。そうすると、アブラゼミがポロッと網に入ってきます。また、灯りに集まる習性もあるため、夜、街灯の近くなどにいることもあります。

オスとメスのちがい
腹側から見ると、簡単に見分けることができます。オスは「腹弁」という鳴くための半円の形をした器官が左右にありますがメスにはありません。また、鳴くのはオスのみです。

オス（腹側）

昆虫メモ
全長5〜6cmほどのセミで、体は黒に白い模様があり、茶色い羽を持っています。オスは「ジージージー」と鳴き、日本では最も身近なセミで、一度は鳴き声を聞いたことがある方も多いはずです。細長い口を持っていて、木の汁を吸います。昼頃から夕方にかけてよく鳴き、夜でも鳴くことがあります。主な天敵は野鳥で、街中では多くのアブラゼミが野鳥に食べられています。セミの寿命は1週間ほどと思われがちですが、上手くいけば1ヶ月ほどは生きることができます。幼虫の期間は3〜4年ほどです。

こうやって飼おう！
家で観察するのにおすすめなのは、羽化のシーンです。夏の夕方から夜にかけて地面や木の幹を歩いているセミの幼虫を見かけたら家に持ち帰り、カーテンなどに登らせてみましょう。そうすると、羽化が始まり、天使のような新成虫のアブラゼミがあらわれます。

深さ1〜2mもの巣を作る！
クロヤマアリ

レア度 ★☆☆

成虫が見つかる時期 3〜11月

働きアリ（メス）

女王アリ（メス）

へえ〜！な豆知識

クロヤマアリはアブラムシが出す甘い汁が大好き。アブラムシはテントウムシに食べられる危険と隣り合わせですが、クロヤマアリに甘い汁をあげる代わりにテントウムシから身を守ってもらっています。

冬の様子

冬には幼虫などはいなくなり、成虫だけの状態でじっとしているため、巣の中を観察すれば冬でも成虫を見つけることはできます。

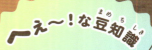

クロヤマアリ

見つけるのも飼育も観察も楽しいアリ！

どこにいる？
北海道から九州まで分布していて、平地から山地まで生息しています。初夏は女王アリとオスアリが結婚飛行をする時期でお昼頃に飛びます。交尾後、女王アリは巣に戻るため、日当たりのいい場所にある公園や道端などの巣の周りも探してみましょう。働きアリは昆虫の死骸や花の蜜の周りにいることも。

吸虫管

どうやってつかまえる？
巣作りをする女王アリの採集がおすすめ。「吸虫管」という容器からチューブが2本出ていて、1本を吸うともう1本で小さな虫を吸える道具が便利です。採集後はタッパーなどに入れて持ち帰りましょう。

昆虫メモ
働きアリは4～6mm、女王アリは8～11mm、オスアリは8～11mmほどの大きさで、真っ黒な体をしています。昼間に活動し、働きアリは生き物の死骸や花の蜜などを集め、巣に持ち帰り、深さ1～2mもの巣を作ることも。公園や庭などの開けた場所に巣を作る習性があります。働きアリはすべてメスですが、卵を産むなどのことはできず、女王アリがそれらを担っています。また、オスのアリは交尾をする時期にのみあらわれますが、6月頃に女王アリとオスアリが「結婚飛行」と言われる飛行を行い、巣の外で飛び回って交尾を行います。

オスとメスのちがい
女王アリ（メス）は働きアリ（メス）に比べ、体が大きいのが特徴です。女王アリとオスのアリの体のサイズは同じくらいですが、オスは足の色がより明るい色をしています。

オス

こうやって飼おう！
基本的にあらゆるものを食べるので、甘いものや動物質のものなどをいろいろ与えてみましょう。巣は観察に適している市販のキットを使うのがおすすめです。

秋に探したい！
おすすめの昆虫

春から夏にかけて成長したコオロギやカマキリなどの成虫が多く見られるようになり、さまざまな種類のトンボたちもあらわれます。同じように見えてもよく見ると、種類が違うこともしばしば。秋が深まってくると、可愛らしいガの仲間も登場。冬が近づいてくると、昆虫たちはそれぞれどういう行動を取るのかにも注目してみましょう。

秋に見つかる昆虫

P.50

成虫が見つかる時期

アサギマダラ
〈5〜11月〉

P.52

ウスタビガ
〈10〜12月〉

P.54

シオカラトンボ
〈4〜10月〉

P.56

アキアカネ
〈6〜12月〉

P.58

オオカマキリ
〈8〜11月〉

P.60

ショウリョウバッタ
〈7〜11月〉

P.62

エンマコオロギ
〈8〜11月〉

フワフワとゆったり舞う
アサギマダラ

オス

へぇ～！な豆知識

名前の「アサギ」は青緑色の古い呼び名「浅葱」に由来していると言われています。また、幼虫時代に毒のある植物を食べて成長し、成虫になっても毒がある花の蜜を吸い、体に毒を蓄えることで、食べられないように身を守っています。

レア度
★ ☆
★ ☆

成虫が見つかる時期
5～11月

アサギマダラ

海を越える！？
2000〜3000kmも旅するチョウ

どこにいる？
北海道から沖縄まで見ることができます。しかし、旅をするチョウのため、地域によってアサギマダラがやってくる時期が異なります。関東では春から秋まで、南西諸島では秋から冬にかけても見られています。

どうやってつかまえる？
お花に止まっている個体を見つけたら、網をかぶせるようにしてつかまえてみましょう。もし、森の中を飛んでいる個体を見つけたら網を伸ばしてゲットしましょう。一振りでゲットしないと、警戒して逃げていくため、一発勝負です！

オスとメスのちがい
オスには後ろ羽に黒い模様がありますが、メスにはありません。

メス

昆虫メモ
羽を広げると8〜10cmほどの白、黒、赤茶色の模様のチョウで、フワフワとゆったり飛びます。幼虫は黒に黄色と水色の美しい模様をしています。旅をするチョウとして知られていて、春から夏になってくると、沖縄などのあたたかい地域から本州などに飛んできます。そして卵を産み、卵から生まれた幼虫が成長し、夏から秋にかけて成虫になります。成虫になった個体は冬が来る前にあたたかい地域に飛んでいくため、2000〜3000kmもの距離を飛ぶとも言われています。成虫はフジバカマやヒヨドリバナなどの毒がある花に集まる習性があります。

こうやって飼おう！
成虫の飼育は難しいですが、幼虫を飼育して成虫まで育てることはできます。幼虫はキジョランやカモメヅルを食べて成長するため、身近に食草を調達できる場所を探しておきましょう。

ウスタビガ

ぬいぐるみ顔負けの愛らしいもふもふボディ！

どこにいる？
北海道から九州まで分布しており、平地から山地まで見ることができますが、都市近郊などではあまり多くありません。

どうやってつかまえる？
灯りに集まる習性があるため、夜、街灯の近くなどを探してみましょう。昼間でも街灯の近くをよく見ると、前の日の夜に飛んできた個体がいることがあります。バタバタと動き回るタイプのガではなく、毒を出したりもしないので、手の上に乗せてゆっくり観察しましょう。

オスとメスのちがい
オスは赤茶色ですが、メスは黄色です。また、オスよりもメスの方が大きいのも特徴です。まるで別の種類のようですが、「オスとメスで全然違う」というのはガの仲間ではよくあります。

オス

昆虫メモ
羽を開くと、オスは7.5〜9cmほど、メスは8〜11cmほどの大型のガです。オスは赤茶色、メスは黄色い体をしていて、落ち葉に擬態しているとも言われています。秋の後半の寒い時期にあらわれることもあり、全身がフサフサの毛に覆われていて、目玉のような模様を持っています。幼虫はさまざまな広葉樹の葉を食べて育ちますが、成虫は口が退化しているため、何も食べません。成虫になったら、交尾をして子孫を残すことに全力を捧げます。交尾をしてエネルギーを使った個体は数日しか生きることができないとも言われています。そのため、冬の間は卵の状態で過ごします。

こうやって飼おう！
成虫を飼育するのは難しいですが、幼虫はサクラ、ケヤキ、クヌギなどさまざまな広葉樹の葉を与えることで飼育することができます。卵から生まれて成虫になるまでの期間は6〜7ヶ月ほどです。

春 夏 **秋** 冬

最も身近なトンボの一種

シオカラトンボ

レア度 ★☆☆

成虫が見つかる時期 4〜10月

美しい目の色
オスの目の色はエメラルドグリーンで非常に美しい色をしています。

オス

成熟すると水色に！
成虫になりたての頃はオスもメスのような色をしていますが、時間がたつと成熟して水色になっていきます。

54

シオカラトンボ

オスとメスで色が違っていてまるで別種!?

どこにいる？
北海道から沖縄まで分布しており、平地から山地まで見ることができます。とくに池や沼などの周りではよく見かけます。また、街中などで見かけることもよくあります。

どうやってつかまえる？
シオカラトンボを見つけたら、枝や葉の先などに止まるのを待ちましょう。止まったら、網を横から振ってゲットしましょう。持つときは羽をたたみ、指ではさんであげましょう。

オスとメスのちがい
オスは薄い水色がベースの体をしています。一方で、メスは暗い黄色の地味な色をしていて、「ムギワラトンボ」とも言われています。

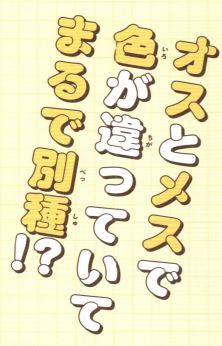

メス

昆虫メモ
体長は5〜5.5cmほどの中型のトンボで、オスとメスでまったく色が異なります。オスは薄い水色と黒ですが、メスは暗い黄色と黒の地味な色をしています。身近な場所にも多く生息していて、池や沼、川などの周辺にもよくいます。ハエやガなど小さな昆虫をつかまえて食べます。オスはなわばりを持つ習性があり、メスと交尾した後、メスが産卵する間、近くで他のオスがよってきてそのメスと交尾するのを防ぐために近くで見守っています。メスはおしりを水面に打ち付けるようにして卵を産みます。成虫の寿命は1〜2ヶ月ほどです。

こうやって飼おう！
成虫の飼育は難しいですが、幼虫のヤゴを育てて成虫にすることはできます。水辺でヤゴをつかまえてきたら、ミジンコ、アカムシ、小さな魚や水生昆虫を与えましょう。早いと2〜3ヶ月で成虫になります。枝や割り箸などを入れておくと、そこに登って羽化します。

55

100キロもの距離を移動する
アキアカネ

レア度	成虫が見つかる時期
★☆ ★	6～12月

メス

実は「赤とんぼ」という名前のトンボはいません。赤とんぼというのはアキアカネやナツアカネなど、アカネトンボというトンボの仲間のことを言います。

〜え〜！な豆知識

「アキアカネ」とよく似た「ナツアカネ」は同じ頃に見られます。胸を横から見たときの模様が違い、アキアカネは真ん中にある黒い線の先がとがっており、ナツアカネは角状で断ち切れたようになっています。

アキアカネ

夏は涼しい避暑地で過ごす赤とんぼ！

 どこにいる？

北海道から九州まで生息しており、夏には比較的暑さをしのげる標高の高い高原などで、秋には平地の水辺でよく見ることができます。

 どうやってつかまえる？

空を飛ぶトンボをつかまえるのは難しいため、飛んでいる姿を見かけたら、枝先などに止まるのを待って、網ですくうとよいでしょう。

 オスとメスのちがい

オスは成熟するとお腹が全体的に赤くなります。メスは全体的に茶色（見方によっては黄色）の個体が多いですが、お腹の背側が赤くなる個体もいます。お腹の付け根付近に小さなでっぱり（副性器）があるのがオス、ないのがメスです。

オス

昆虫メモ

赤とんぼの一種で、体長は3～4.5cmほどです。初夏に平地で成虫になったら標高が高い場所に移動し、夏を過ごします。秋になると、また平地に降りてきて、交尾・産卵をするのですが、100kmほど移動することもあり、12月ごろまで見られることも。寒くなる前に命を落としてしまうため、元気な姿で見られるのは本格的な冬がやってくる前までです。成虫はハエやカなどの空中を飛んでいる小さな昆虫をつかまえて食べます。夏にいるにも関わらず、アキアカネという名前になった理由は秋に体の色があかね色（黄色っぽい暗い赤色）になるからと言われています。地域によっては絶滅危惧種や準絶滅危惧に指定されています。

こうやって飼おう！

トンボの成虫の飼育は難しいため、幼虫から飼うことをおすすめします。幼虫は水の中の小さな生き物を食べて育ちますが、まだ若い幼虫は魚などをつかまえることがなかなかできません。体の大きさに合わせてプランクトンなどを購入して与えましょう。

草むらに同化するのが上手!

オオカマキリ

卵からは200〜300匹もの赤ちゃんが生まれますが、共食いや他の生き物に食べられてしまったりして、成虫になれるのはごく一部です。

オスはメスに食べられる⁉
交尾した後にメスがオスを食べて栄養にしたり、メスが成熟する前にオスがあらわれると、エサと間違えて食べてしまうことも。

レア度
★☆☆

成虫が見つかる時期
8〜11月

オオカマキリ

いろいろな獲物をつかまえるハンター！

どこにいる？

北海道から九州まで分布しており、都会の近くでもわりと簡単に見つけることができます。エサとなるバッタなどが多く生息している草むらに生息しています。

どうやってつかまえる？

手を使って上手く網の中に導いてあげましょう。網から出すときは指でつかむと攻撃してくるので、手のひらに乗せて移動させるのがおすすめです。足や触角を持つと、ちぎれてしまうことがありますし、羽やお腹を持つとダメージを与えて弱らせてしまいかねません。

昆虫メモ

草むらに生息しており、バッタやコオロギなどの小さな昆虫をつかまえて食べる肉食の昆虫で、体長は7〜10cmほどです。花にやってくるチョウやハチなどをつかまえるため、花の近くに待機していることも。夜になると、昼間は緑色だった目を黒く変化させ、周りをよく見えるようにしています。「草むらの王様」と呼ばれるオオカマキリですが、鳥に狙われることは多く、草むらに似た色の体をすることで上手く隠れています。ただし、ごくまれにオオカマキリが小さな鳥を食べてしまうこともあります。オオカマキリはいろいろなものをゲットするハンターで、トカゲ、カエル、スズメバチなどをつかまえて食べることもあります。

オスとメスのちがい

オスよりメスの方が体が大きいです。また、おしりの先に2つの突起があるのですが、オスにはその2つの突起の間にさらに小さな突起が2つあります。メスにはその小さな突起はありませんが、おしりの先端がとがっています。

オオカマキリのエサ

こうやって飼おう！

オオカマキリは肉食なため、身近なバッタなどの小さな昆虫を与えれば、食べます。その他にもソーセージやヨーグルトなども食べてくれます。幼虫を飼育するときは体の大きさにあったエサを与えるようにしましょう。共食いを避けるため、1ケースあたりなるべく少ない匹数で飼育するようにしましょう。

春 夏 **秋** 冬

"キチキチ"の音とともに飛ぶ
ショウリョウバッタ

キチキチ

へぇ〜！な豆知識
一度のジャンプで20m以上飛ぶことも！ オスは体長4〜5cmほどのため、自分の体長の400〜500倍もの距離をジャンプしている計算になります。身長170cmに換算すると680〜850mもの距離を飛んでいることに。

レア度 ★☆☆

成虫が見つかる時期 7〜11月

ショウリョウバッタ

すさまじいジャンプ力で飛距離がすごい！

どこにいる？

全国的に比較的よく見ることができ、エサであるエノコログサ（通称：ネコじゃらし）やススキなどがたくさんある草むらに生息しています。

どうやってつかまえる？

草むらから"キチキチ"という音とともにオスが飛び出してきます。メスはオスほど飛ばないため、つかまえやすいですが、いずれも止まっているところを狙って網に入れましょう。足を持つと足が取れてしまうことがあるので、足のつけ根付近の胸の部分を横からはさむようにして持ちましょう。

オスとメスのちがい

メスはオスの2倍ほどの大きさで、体も太いのが特徴です。メスは他のバッタと比べてもかなり大きく、日本最大のバッタでもあります。また、よく似た「ショウリョウバッタモドキ」というバッタもいますが、この種類は背中に赤いライン（ピンクや茶色っぽい色になることも）があり、見分けることができます。

昆虫メモ

細長いスリムな形のバッタで、オスは4〜5cmほど、メスは7.5〜9cmほどです。オスは飛ぶときに"キチキチ"と音を出すことから「キチキチバッタ」と呼ばれることもあります。成虫・幼虫ともにイネ科の植物の葉を食べ、冬が来る前に成虫は死んでしまい、卵の状態で冬を越します。「ショウリョウ」の名前の由来は「精霊流し」の精霊船に似ているからと言われています。綺麗な緑色の個体がいる一方、茶色い個体やその両方の色が混ざったような色の個体もいたりします。

こうやって飼おう！

エノコログサやススキなどのイネ科植物の葉を食べるため、これらを草むらから取ってきて、土や瓶にさしてあげましょう。ショウリョウバッタは日当たりのいい所を好むため、太陽の光が適度に当たる場所に置いておきましょう。

春 夏 **秋** 冬

顔が"えんま大王"みたいⅠ?

エンマコオロギ

コロコロリー

オス

自然界に天敵いっぱい!

エンマコオロギには天敵がたくさん。鳥、トカゲなどの爬虫類、カエル、カマキリなど多くの生き物に狙われています。

レア度 ★☆☆

成虫が見つかる時期 8〜11月

エンマコオロギ

「コロコロリー」と音色を奏でる大型のコオロギ！

どこにいる？
北海道から九州まで分布しており、平地から山地まで幅広い場所の草地などで見ることができます。大都会のちょっとした草むらや側溝などで見つかることもよくあります。

どうやってつかまえる？
秋に草むらをゆっくりかき分けていくと、よく見つかります。夜にはオスはよく鳴くので鳴き声を手がかりに探すのも有効です。見つけたら、手で覆いかぶせるようにつかまえるのがおすすめです。しかし、足や触角を持ってしまうと、すぐにちぎれてしまうので、手の中に入れたまま虫かごなどに入れて観察しましょう。

オスとメスのちがい
オスに比べ、メスの方が羽の目が細かくなっています。また、メスはおしりから「産卵管」という細長い管が出ているので、ここを見ればすぐ分かると思います。鳴くのはオスだけで、メスは鳴きません。

昆虫メモ
体長は2.5～3cmほどの大型のコオロギで、身近な公園や河川敷などの草むらにも多く生息しており、都市部にも多くいます。雑食で、植物質のものの他、動物の死骸なども食べます。夜行性で夜に見かけることが多いです。オスは「コロコロリー」と鳴き、近くにいるメスへの求愛や他のオスとのなわばり争いのために鳴くと言われています。そのため、時にはメスを巡って頭をぶつけながらケンカすることもあります。エンマコオロギの名前の由来は顔が"えんま大王"に似ていることからつけられました。

エンマコオロギのエサ

こうやって飼おう！
雑食なため、いろいろなものを食べるのですが、キュウリやナスなどの野菜がおすすめです。最近ではコオロギ専用のエサも売られていることがあります。1つのケースにたくさんの個体を入れすぎるとケンカしてしまうので、注意しましょう。

冬に探したい！
おすすめの昆虫

「寒い冬に昆虫はいないのでは？」と思う方もいるかもしれませんが、真の虫好きは冬にこそ昆虫採集を楽しみます。それぞれの昆虫がさまざまな方法で冬を過ごしていて、あたたかい時期には見ることのできない姿を観察することができるはずです。土の中や落ち葉の下など、さまざまな場所をのぞいて観察してみましょう。

冬に見つかる昆虫

P.66

成虫が見つかる時期 →

ウラギンシジミ
〈3〜10月〉（活動期）
〈11〜3月〉（越冬中）

P.68

コクワガタ
〈5〜9月〉（活動期）
〈11〜3月〉（越冬中）

P.70

チビクワガタ
〈1年中〉

P.72

マイマイカブリ
〈4〜10月〉（活動期）
〈11〜3月〉（越冬中）

P.74

アオオサムシ
〈4〜10月〉（活動期）
〈11〜3月〉（越冬中）

P.76

エサキモンキツノカメムシ
〈4〜10月〉（活動期）
〈11〜3月〉（越冬中）

春 夏 秋 **冬**

オスとメスで表の羽の色が違う
ウラギンシジミ

羽の先の形
秋にあらわれる個体は夏にあらわれる個体に比べ、羽の先がとがっています。

寒さに弱いチョウ
ウラギンシジミは暖地性のチョウなので、寒い地域では（関東地方でも）多くの個体が冬を越えられず、力尽きてしまいます。

3〜4月には越冬明けの個体が、5月頃から新しい世代の個体があらわれます。

レア度 ★☆☆

成虫が見つかる時期
3〜10月（活動期）
11〜3月（越冬中）

ウラギンシジミ

裏が銀白色!? 裏と表で全然違うチョウ!

どこにいる?
本州より南の地域に生息していて、平地から低めの山地まで見ることができ、街の近くにも多く生息しています。冬の間は、冬でも葉っぱがついている木(常緑樹)の葉の裏などでじっとしています。

どうやってつかまえる?
冬にウラギンシジミが越冬している様子を見つけたら、近くで観察してみましょう。春から秋の間はよく飛び回りますが、冬はなるべく体温を逃さないように羽を閉じてじっとしています。つかまえる際は網を持参しましょう。

オスとメスのちがい
羽の表側がオスはオレンジ色なのに対して、メスは薄い水色をしています。裏側はオス、メスともに銀白色です。

オス(表)

昆虫メモ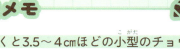
羽を開くと3.5~4cmほどの小型のチョウで、その名前の通り、裏側が銀白色で、表側はオスはオレンジ色、メスは薄い水色をしています。飛んでいる時は裏側の銀白色の羽が舞っているように見えます。成虫は花の蜜を吸うのはもちろん、樹液や腐った果物の汁、水たまりの水などさまざまなものを吸う習性を持っています。幼虫はクズやフジなどを食べて成長します。最近は温暖化の影響で分布が拡大しているといわれ、以前は分布していなかった東北地方でも見ることができるようになりました。

こうやって飼おう!
成虫の飼育は難しいですが、幼虫はクズやフジなどのつぼみ、花、葉を与えることで成長させることができます。

67

温厚な中型のクワガタムシ
コクワガタ

オス

小さいクワガタもいっぱい！

「コクワガタ」という名前ですが、「チビクワガタ」（P70〜71掲載）など、もっと小さいクワガタムシもたくさんいます。

レア度 ★☆☆

成虫が見つかる時期
5〜9月（活動期）
11〜3月（越冬中）

コクワガタ

朽ち木の中に潜む最も身近なクワガタ！

昆虫メモ

1.8〜5.8cmほどの中型のクワガタムシで、北海道から九州まで生息していて、夏には樹液に集まったり、灯りに飛んでくる姿をよく見かけます。また、樹液が出ている木をゆすると落ちてきて、手で持つと足を引っ込めて、死んだフリをします。性格は温厚でケンカなどをすることはほとんどありません。大あごの間に指を入れてもほとんどはさまれません。メスは小さな大あごを活かし、木の皮を削って樹液を出します。冬が来ると死んでしまう個体もいますが、成虫のまま冬を越す個体もいます。そのため、冬の間に森や河川敷などの朽ち木を割ると成虫を見つけることができます。

どこにいる？

北海道から九州まで分布しており、平地から山地まで見ることができます。とくに身近な雑木林や河川敷は狙い目です。冬は朽ち木の中にいますが、活動している成虫は夏だけではなく、春から秋まで見ることもできます。

どうやってつかまえる？

夏には樹液などで見つけることができますが、冬は朽ち木の中を手ぐわなどで割ってみると、見つけることができます。勢いよく朽ち木を割りすぎて、中にいる昆虫たちを潰さないように注意しましょう。また、乾燥しすぎている朽ち木などの中にはあまりいないので、適度に湿った朽ち木の中を探しましょう。成虫、幼虫ともに見つけることができるはずです。

オスとメスのちがい

オスは大あごが発達しているので、簡単に見分けることができます。しかし、中には大あごが全然目立たないオスや、かなり体が大きいメスもいたりします。

こうやって飼おう！

昆虫ゼリーを与えることで簡単に飼育することができます。寒さには強いですが、暑さには弱いです。直射日光などが当たらない場所に飼育ケースを置くようにしましょう。上手く飼育すれば、3年ほど生きることもあります。

子育てをする小さな甲虫

チビクワガタ

海を渡って分布拡大！

朽ち木の中で暮らしているため、その朽ち木が海を流れ、海流によっても分布を広げてきたと考えられています。

レア度
★★☆

成虫が見つかる時期
1年中

チビクワガタ

1年中見つかる朽ち木の中で暮らすクワガタムシ！

どこにいる？

主に関東より西の本州、四国、九州に分布していて、標高が低い場所の森でよく見つかります。カシやシイ、クヌギなどの朽ち木の中で見つかることが多いです。

どうやってつかまえる？

朽ち木を見つけたら、少しずつ手ぐわなどでくずして、中にチビクワガタがいないか探してみましょう。ただし、場所のルールを確認してから行うようにしてください。朽ち木の中を探すときは、小さいボディのチビクワガタを傷つけないよう慎重に。ピンセットがあると、つかまえるのに役立ちます。成虫の寿命は1～数年ほどで、幼虫の期間は2～3ヶ月ほどです。そのため、成虫の親と成虫の子が一緒に見つかることもあります。

ピンセット

昆虫メモ

朽ち木の中で暮らしている1～1.5cmほどの小さなクワガタムシで、大あごもとても小さいです。ほとんどの昆虫は卵を産んだらほったらかしなのが一般的ですが、チビクワガタは子育てをします。幼虫のために親が朽ち木をくずして食べやすくしてあげるのです。また、夏に朽ち木の中を探すと、成虫と幼虫の集団が見られることもあります。成虫は肉食で、ミミズやゴミムシダマシの幼虫などを食べます。幼虫は主に夏に生まれて、秋には成虫になるため、冬には成虫だけで越冬していることがほとんどです。夏には朽ち木から出てきている成虫を見かけることがあります。

オスとメスのちがい

オスとメスはとてもよく似ていて、なかなか見分けがつきません。確実に見分けるには解剖して交尾器を見る必要があります。

こうやって飼おう！

普段は朽ち木の中で暮らしているため、直射日光の当たらない場所に飼育ケースを起き、霧吹きで適度に湿度を保ってあげるようにしましょう。魚肉ソーセージやドッグフードで飼育できます。

マイマイカブリ

長〜い首でマイマイ!! カタツムリをガブリ！

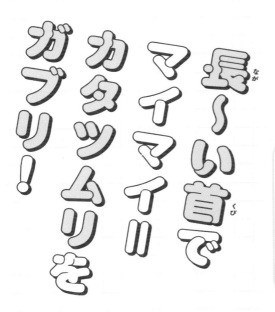

どこにいる？
北海道から九州まで分布しており、平地から山地まで見ることができます。北日本のマイマイカブリは小型で美しく、西日本のマイマイカブリは真っ黒で大型になる傾向があります。

どうやってつかまえる？
冬は朽ち木の中で越冬する習性があります。おすすめなのは、河川敷などに倒れている朽ち木を手ぐわなどで割りながら、中にいないか探す方法です。運が良いと、何十匹と大量のマイマイカブリが集団でいるシーンを見つけることができるかもしれません。木の根元の近くなどに集まっていることもあります。

オスとメスのちがい
マイマイカブリのオスとメスはとってもよく似ています。確実に見分けるポイントは口の近くにある口ひげの先がオスは先が広がるのに対して、メスは広がらないところです。

昆虫メモ
体長2.5〜7cmほどのオサムシの仲間で、地面を歩き回っていて、時には木にも登ります。名前に「マイマイ」がつく通り、カタツムリに長い首を差し込んで、するどい大あごを使って食べます。後ろ羽が退化しているため、飛ぶことができません。そのため、春から秋の間はプラスチックコップなどで落とし穴のトラップを作っておくと、つかまえることができます。北海道から九州まで生息しており、地域によってちがいがあります。北海道や東北地方には胸が青や赤、黄、緑などになる美しい個体がいて、長崎の福江島には巨大な体を持つ個体がいたりします。

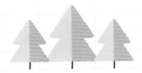

こうやって飼おう！
つかまえてきたマイマイカブリの成虫を飼育する際は、昆虫ゼリーで飼育できます。しかし、繁殖させて幼虫から成虫に育てたいという方はカタツムリを与えることが必要になります。

73

各地に色合いが違う個体が生息
アオオサムシ

レア度 ★☆☆

成虫が見つかる時期
4〜10月（活動期）
11〜3月（越冬中）

僕の地元の関西には生息しておらず、「東京＝アオオサムシ」と思っていたくらい、子どもの頃からの憧れの存在でした。

へぇ〜！な豆知識
オサムシの仲間は後ろ羽が退化して、飛べない種類がほとんどです。そのため、各地方ならではのオサムシがいて「ご当地オサムシ」を楽しむことができます。アオオサムシもスポット的に生息しています。

アオオサムシ

光沢のある緑や赤銅色などボディの色がカッコいい！

どこにいる？

主に中部、関東、東北地方に生息しており、とくに関東ではよく見かけるオサムシです。平地から山にかけての地面付近に生息しています。

どうやってつかまえる？

冬の間に小さな崖などの土を掘って、その中で冬眠しているオサムシを採集する方法を「オサ掘り」といいます。森などにある斜面の土の中や朽ち木の中を手ぐわやスコップなどで掘って探してみましょう。ただし、場所のルールを確認してから行うようにしてください。成虫の活動期である春から秋にかけては、10〜15cmのプラスチックコップを地面に埋めて落とし穴を作り、中にさなぎ粉や炭酸ジュースなどを入れてつかまえる方法もあります。

スコップ

手ぐわ

オスとメスのちがい

オスはメスに比べて、前足の前半分が太いのが特徴です。

昆虫メモ

個体によって色合いがちがう光沢のボディを持つオサムシの一種で、体長は2〜3cmほどです。地域や場所によって少しずつ色が異なり、真緑に輝く美しい個体もいれば、銅色の個体、赤っぽい個体などさまざまな個体がいます。各地にいろいろな色のアオオサムシがいますが、中でも奥利根地方のアオオサムシは美しいと言われています。肉食でミミズやイモムシを食べます。後ろ羽が退化していて、飛ぶことができないため主に地面で暮らしていますが、樹液などにやってくることも。冬になると、成虫の状態で斜面の土の中や朽ち木の中で冬を越します。

こうやって飼おう！

アオオサムシは肉食で、小さな昆虫やミミズなどを食べているところをよく見かけます。なので、それらをエサとしてあげるといいのですが、昆虫ゼリーでも飼育することはできます。土の上に落ち葉などを入れてあげましょう。

春 夏 秋 **冬**

愛らしい背中に注目！

エサキモンキツノカメムシ

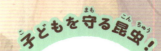

子どもを守る昆虫！

メスは卵に覆いかぶさるようにして守ります。また、幼虫が生まれたあともしばらくの間は天敵に食べられないように守っています。

レア度 ★☆☆

成虫が見つかる時期
4〜10月（活動期）
11〜3月（越冬中）

エサキモンキツノカメムシ

キュートなハートがトレードマーク！

どこにいる？

北海道から九州まで生息しています。冬はスギやヒノキの木の皮の下などに潜んでいます。春から秋にかけてはミズキやカラスザンショウの周辺で見つかります。

どうやってつかまえる？

冬に見つけるときは、木の皮や落ち葉をそっとめくって探してみましょう。スギやヒノキの木の皮の下で見つかることがよくあります。見つけたら、落とさないよう包み込むようにしてつかまえましょう。春～秋は夜、灯りに寄ってくることもあります。

昆虫メモ

茶色い体に白っぽいハートマークを持つ可愛らしいカメムシで、体長は1～1.5cmほどです。トレードマークのハートの形は個体によって少しずつ異なり、ちょっとバランスがくずれたハートやとてもキレイな形のハートを持つ個体などもいます。成虫も幼虫もミズキやカラスザンショウなどの汁を吸います。また、メスが卵のお世話をすることでも知られています。成虫が活動する時期は春から秋ですが、冬も木の皮や落ち葉の下で成虫の状態で冬越しするため、その様子を観察することができます。また、何匹か一緒にまとまって越冬することもあります。

オスとメスのちがい

オスとメスはとてもそっくりですが、正確には生殖器の形で見分けることができます。

また、名前も見た目も似た種類に「モンキツノカメムシ」というカメムシがいるのですが、この種類は背中にハートではなく、丸っこい三角形の模様があります。

こうやって飼おう！

エサキモンキツノカメムシの飼育はあまり一般的ではないですが、果実などを与えることで飼育はできます。

虫とりの記録

昆虫探しの
思い出を書こう！

Profile

昆虫ハンター・牧田 習

1996年、兵庫県宝塚市出身。2020年に北海道大学理学部を卒業。同年、東京大学大学院農学生命科学研究科に入学、現在、博士課程在学中。昆虫採集のために14ヵ国を訪れ、9種の新種を発見している。「ダーウィンが来た！」（NHK）「アナザースカイ」（NTV）などに出演。現在は「猫のひたいほどワイド」（テレビ神奈川）にレギュラー出演中。昆虫をテーマにしたイベントにも多数出演している。
著書：「昆虫ハンター・牧田習のオドロキ!! 昆虫雑学99」（KADOKAWA）、「昆虫ハンター・牧田習と親子で見つけるにほんの昆虫たち」（日東書院本社）好評発売中。

Instagram・Xともに@shu1014my

春夏秋冬 いつでも楽しめる昆虫探し

2025年3月12日　第1刷

著者	牧田 習
絵	西片拓史
デザイン	細山田光宣、藤井保奈（細山田デザイン事務所）
写真協力	五十川 満
発行人	小林大介
編集	熊谷由香理
発行所	株式会社パルコ
	〒150-0042　東京都渋谷区宇田川町15-1
	https://publishing.parco.jp/
印刷・製本	TOPPANクロレ株式会社

Printed in Japan　無断転載禁止
ISBN 978-4-86506-463-6 C0045
©2025 Shu Makita